科技

大透視2

生活中的變形金剛

前　言

　　工業科技的發展，大大改變了世界經濟文化的格局。一個現代科技發達的國家，其中一定蘊含了更深厚的科技文明。而這些正是常常樂於動手、動腦的孩子經常困惑的領域，比如汽車為什麼會自動行駛？飛機為何能夜間飛行？放在保溫餐盒中的食物為何不容易變涼？大吊車為何能舉起千斤水泥板？本科普繪本系列關注工業科技領域的基本知識，從各個角度，剖析多種工業產品，從歷史的沿革到當代科技的持續進步，與孩子們一起探索科學的奧祕，分享學習的無限快樂，是一套值得孩子們閱讀的優秀科普讀物。

目錄

17 鎖和鑰匙

18 釘書機

20 滾輪百葉窗

22 機械鐘錶

24 登山車

26 望遠鏡

28 顯微鏡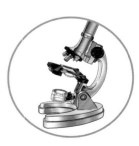

30 抽水馬桶

32 水龍頭和排水虹管

34 電燈

36 電池

38 遙控玩具

40 電動牙刷

43 電子體重計

45 電動縫紉機

目錄

47 真空吸塵器

48 電暖器

50 吹風機

52 麵包機

54 微波爐

56 洗碗機

59 電磁爐

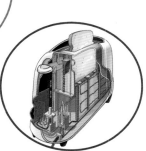

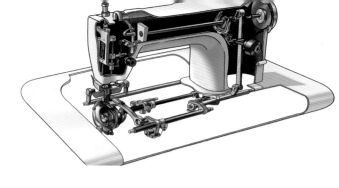

60 食物調理機

63 滾筒洗衣機

64 空調

66 電冰箱

68 單眼相機

71 滅火器

72 電鑽

74 太陽能電池板

生活科技的進步與發展

　　從只會用樹葉遮羞，到如今款式、材質多樣的衣服；從吃生肉、野菜，到如今食物五花八門、烹飪方式多不勝數；從閒暇時單調、沒任何娛樂活動，到如今各種玩具、運動器材、影視媒體等⋯⋯人類的生活有了翻天覆地的變化。這跟人類一直努力尋找更好、更先進的工具來改變生活方式有著密不可分的關係。

冶煉技術，金屬製品的發展

　　為了生存，古人學會打製石器，之後逐漸產生磨製石器。大約在西元六千年前，冶煉技術誕生。金屬製品開始慢慢發展起來，替代了用木材和石頭製成的生活用具。

西元前四千年 ── 青銅器

大約在西元前四千年，青銅冶鑄技術有了發展，可以用火煉製出銅錫合金的青銅，出現了銅錐、銅針、銅刀、銅酒杯等。

西元前兩千年 ── 后母戊青銅方鼎和四羊方鼎

到西元前兩千年前後，青銅運用到人類生活各個領域，出現了青銅編鐘和尊盤、青銅劍等，最具代表的是祭祀禮器后母戊青銅方鼎和四羊方尊。

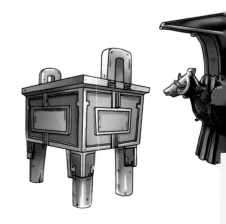

西元前 400 年 左右

鐵器

西元前四百年左右，鑄鐵和生鐵煉鋼技術有了發展，出現了更多的鐵製品，如鐵鍋、鐵碗、鐵質酒杯等。

西元 220 年～ 600 年

鋼製品

西元220～600年間，人們將熔化的生鐵與熟鐵合煉，生鐵中的碳會往熟鐵擴散，且趨於均勻分布，去除部分雜質後，就可獲得優質鋼材，自此出現了當時比較珍貴的鋼材生活用具，如牛車、馬車等。

近代

不鏽鋼製品

不鏽鋼製品已滲透到生活各個方面，如不鏽鋼盆、不鏽鋼水槽、不鏽鋼勺等等。

紡織工具的發展

衣服的誕生是人類生活改變的巨大一步。衣服的布料、裁剪都是門大學問。養蠶可獲得蠶絲，種植棉花獲得棉，再由紡織機將絲紡織成布，經過裁剪縫製即可製成衣服。

六千
多年前 ——————————— 原始織機

　　原始織機主要由木架、繞線棒、木墩等組成，將絲線繞在繞線棒，規律的旋轉和纏繞，就能將麻或棉織成線，然後進行簡單的編制就能成布，有保暖和遮羞效果。這種織機非常機械化，需要骨頭製成的刀具和針加以配合。

約西元
前 200 年 ——————————— 「踞織機」

　　「踞織機」是現代織機的始祖，它採用線棕套環分別把單、雙數的經紗聯繫起來，推起或拉線棕就可以形成織口，並可前後左右穿引緯紗，織成一片布，是非常簡單的織布機器。

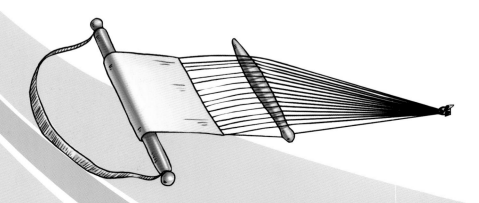

約西元前 300 年

斜織機

擁有機架的斜織機，是用兩塊腳踏板帶動兩片線索進行織布，這使得織布速度大大提高。

隨後，根據斜織機的基礎不斷改進，出現了更方便的手搖單錠紡車，並運用了很長一段時間。近代織布機的構造更為複雜，它用剛性或撓性的劍杆頭導引緯紗。

此外，衣服也由手工縫製，慢慢變成機械縫製。到了近代，縫紉機的誕生，讓縫製衣服變得更為快速。

古代與生活相關的發明

西元前
4500 年～
2500 年

陶瓷製品

由於陶土燒制器皿的技術誕生，陶瓷碗具改變了人們用樹葉等原始材料裝食物的習慣，是人類生活的偉大進步。

西元
105 年

造紙術

中國東漢的蔡倫用樹皮、麻頭及破布、漁網等原料，經過挫、搗、抄、烘等工藝發明了造紙術，為人類生活帶來了巨大的改變，大大減少了用竹簡記載文字帶來的麻煩。

西元
九世紀

煤油燈

以煤油為燃料，以棉繩做燈芯的煤油燈誕生了，它用於夜間照明，改變了人們日出而作，日落而息的原始生活。

西元 1000 年 左右

活字印刷術

中國北宋的畢昇發明了活字印刷術，先將單字製成陽文手字模，然後按照稿件把單字挑選出來，排列在字盤內，塗墨印刷，印完後再將字模拆出，留待下次排印時再次使用。這種技術的誕生，大大減少了抄寫書籍的麻煩，豐富了人們的業餘生活。

西元前 四世紀

司南

指南針的始祖——司南誕生，它將天然磁鐵礦石琢成杓形，放在光滑的盤上，盤上刻著方位，利用磁鐵指南的作用，可以辨別方向，幫助人們的出遊。

知

冰釜

冰釜是古代人用來保鮮食物的工具。外形像一個盒子，裡面放入冰和食物，就可以達到防腐保鮮的效果了。

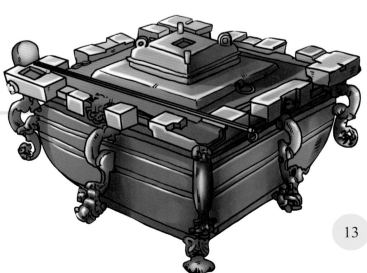

西元前
202 年

銅薑擦

為了快速取得薑汁，發明了銅薑擦。它前面有漏孔，後面有孔釘，直接將薑在上面摩擦，就可以磨取生薑汁。

未知

香爐

香爐的發展歷史久遠，本來只供焚香用，後來應用到生活，或者成為收藏品，這是用來暖被窩的香爐。它採用現代機械的陀螺儀設計，怎麼轉動都不會讓炭火掉落，是非常好的取暖工具。

生活科技的近代發展

　　到了近代，生活科技迅速發展，各種生活用品也越來越豐富、越來越智慧化，設計更是越來越適合「懶人」使用，為人們提供了更優越的生活。

近代

電鍋與洗衣機

　　隨著電子技術的發展，全自動電鍋、全自動洗衣機等智慧型家電也相繼出現，只要按下開關，即可輕鬆幫你煮好飯、洗好衣服，人們的生活變得輕鬆自如。

近代

豆漿機與果汁機

　　吃是人們生活的重要部分，為了吃得更好、更豐富，人們利用科技發明了各種烹飪機器——調理機、豆漿機、咖啡機、麵包機、烤箱等，生活水準大大提升。

近代

筆記型電腦

　　休閒娛樂也是現代人生活中不可或缺的一部分，相比古代人喜愛的樂器、棋類等娛樂活動，現代人的娛樂方式更是多樣，各式娛樂產品也紛紛湧現——MP3，電視、收音機、電腦等。

鎖簧

　　鎖簧是鎖的核心結構，藉由彈簧的
作，插入鎖芯側面的小孔，阻止鎖芯轉動
也可以在鑰匙的推動下，離開鎖芯的小孔
進而開鎖。

彈簧

　　彈簧也是鎖具的重要結構。當彈簧
控制鎖簧伸出或復位，與鎖芯側孔也隨
之脫離或結合，就能實現解鎖或鎖上的
目的。

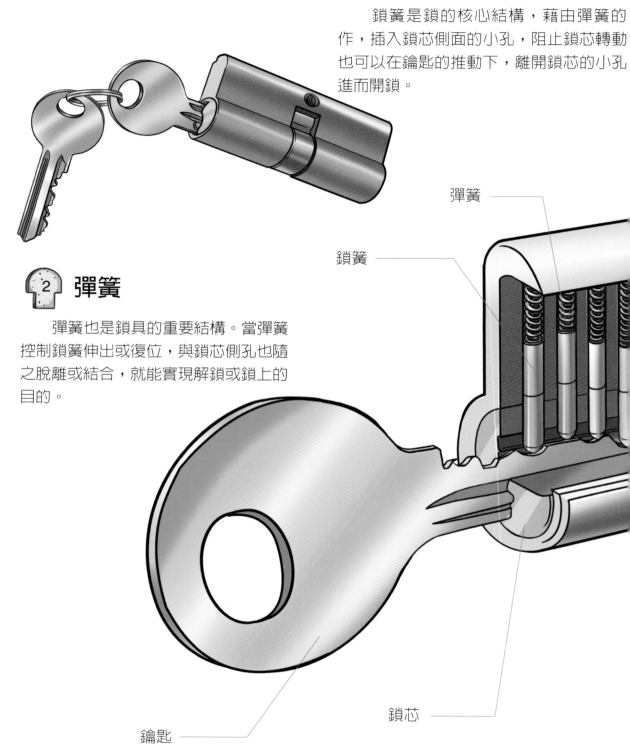

彈簧

鎖簧

鑰匙

鎖芯

鎖和鑰匙

圓柱形銷栓彈子鎖是世界上最常使用的鎖。它的原理是利用鎖芯在鎖體裡轉動，撥開鎖具進而解鎖的。鎖芯與鎖體之間設計了許多長短不一的圓柱形銷栓，當鑰匙插入時，鑰匙上高低不同的齒剛好可以將這些圓柱形銷栓按照不同的高度頂起，使所有圓柱形銷栓離開內軸，即可旋轉鑰匙打開鎖。

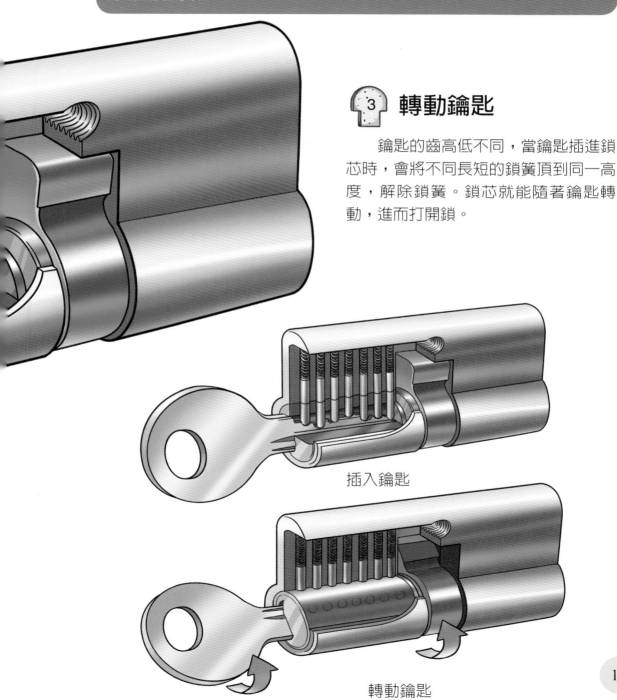

③ 轉動鑰匙

鑰匙的齒高低不同，當鑰匙插進鎖芯時，會將不同長短的鎖簧頂到同一高度，解除鎖簧。鎖芯就能隨著鑰匙轉動，進而打開鎖。

插入鑰匙

轉動鑰匙

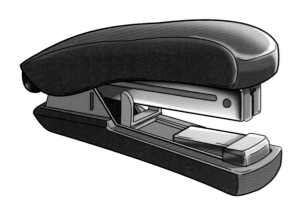

釘書機

釘書機誕生於1966年。它利用槓桿原理完成作業，可將一定張數的紙張裝訂在一起。結構簡單，使用方便，是現代人們常用的文具用品。

復位彈簧

儲針槽的彈簧

基座

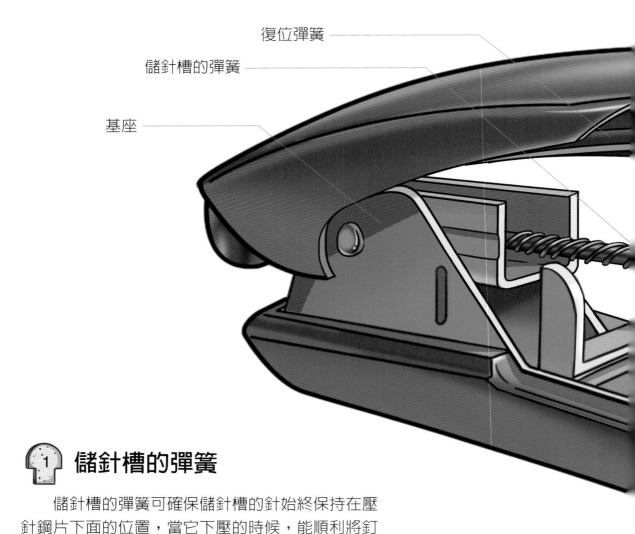

1 儲針槽的彈簧

　　儲針槽的彈簧可確保儲針槽的針始終保持在壓針鋼片下面的位置，當它下壓的時候，能順利將釘書針頂出來，釘在紙張上。

2 儲針槽

　　儲針槽一般採用金屬材質，是用來裝釘書針。它的底部光滑，可讓儲針槽彈的彈簧輕鬆的來回移動，寬度剛好是釘書針寬度，可容納釘書針。

 ## 3 壓針鋼片

　　將紙張放在彎針座上，壓針鋼片往下壓，即可將針推出並釘在紙上。壓針鋼片通常有安裝復位彈簧，以便壓針鋼片復位。

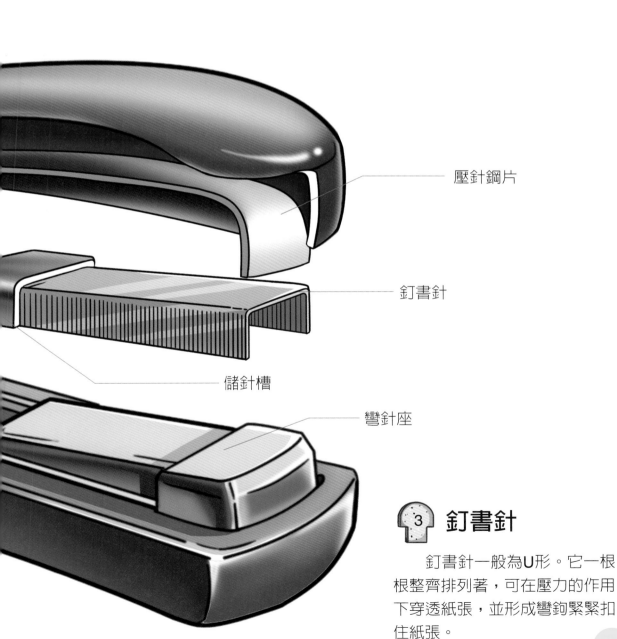

壓針鋼片

釘書針

儲針槽

彎針座

3 釘書針

　　釘書針一般為U形。它一根根整齊排列著，可在壓力的作用下穿透紙張，並形成彎鉤緊緊扣住紙張。

滾輪百葉窗

百葉窗源於古代的橫條直式窗櫺,是現代窗簾的一種樣式,用於遮陽、通風。它採用組裝工藝,製作非常簡單,按照材質可以分為鋅鋼百葉窗、鋁合金百葉窗等;按照收放方式可以分為滾輪百葉窗、拉桿式百葉窗、電動百葉窗等。圖中所示即為滾輪百葉窗。

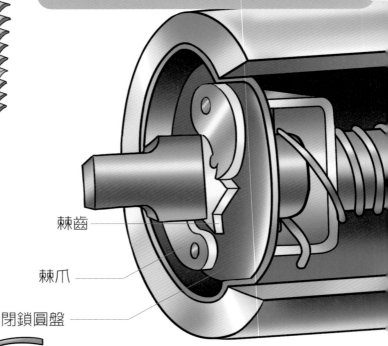

棘齒

棘爪

閉鎖圓盤

 1 百葉

百葉是用金屬或塑膠製成的一條條葉片,連接在一起後,形成窗簾。藉由控制葉片,調整角度,產生不同風景。全部平鋪可關窗,呈一定傾斜角張開,則有部分光線可以透入。此外,百葉還可以整個收到上方。

 2 閉鎖圓盤

閉鎖圓盤是百葉窗的核心零件,它安裝在固定的中心桿上,圓盤上繞著繩子,繩子與百葉相連,使得繩子可以往不同的方向扭轉,控制百葉的角度。

3 固定中心桿

固定的中心桿用來安裝閉鎖圓盤及彈簧，藉由連接零件與百葉窗連在一起，是整個百葉窗的支撐，百葉窗收縮上去的時候，纏繞著中心桿隱藏起來，從外部看不到，既美觀又實用。

軸

固定的中心桿

彈簧

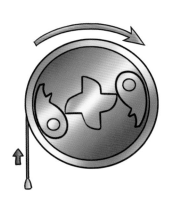

機械鐘錶

機械鐘錶是生活中常見的計時器，它的出現讓人們有了更準確的時間概念。它們依靠機芯內的發條為動力，帶動齒輪，進而轉動錶針，再根據錶針在錶盤上所對應的數字，即可標記讀出時間。

 1 發條盒

發條盒是機械鐘錶的動力裝置，主要包括發條和短軸。發條繞在短軸周圍，利用短軸上的銑方槽上緊發條。上緊發條時，發條就儲存了一定的能量，這些能量一點點地釋放出來，帶動齒輪組在一段時間內轉動。

 2 齒輪組

機械鐘錶的齒輪非常多，除了傳動齒輪還有二輪、三輪、四輪。藉由改變齒輪的齒數，可改變傳輸力的大小，並分別帶動時針、分針和秒針。

 3 擒縱結構

擒縱結構利用擒縱輪和四輪相連，利用擒縱叉與擺輪相連，將條盒傳來的能量補給擺輪遊絲系統，帶動擺輪按照一定的頻率來回擺動。

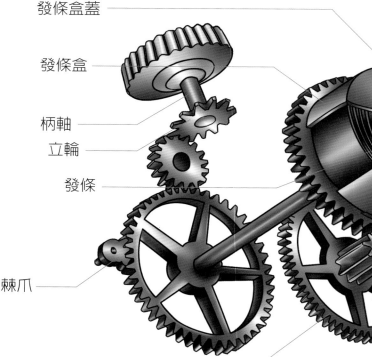

發條盒蓋

發條盒

柄軸

立輪

發條

棘爪

二輪

擒縱輪

擒縱叉

擺輪

雙圓盤

遊絲

錶盤

時針

分針

秒針

三輪

四輪（秒輪）

4 擺輪遊絲系統

　　擺輪遊絲系統是機械鐘錶最為核心的部分，是計時的基準。它其實就是一個振動系統，正是根據這個系統的振動週期來調整秒輪片齒輪的轉速，使得秒輪片運轉一圈剛好為60秒，確保秒針精準行走，機械鐘錶才會準確。

登山車

1977年，登山車誕生於美西岸的舊金山。它是為了滿足自行車越野愛好者的需求而發明的。與傳統自行車相比，它的構造更複雜，造型更粗獷，能在各種惡劣的路況行駛，備受年輕人喜歡且很快風靡全球。如今，騎自行車已經成為健康時尚的運動方式。

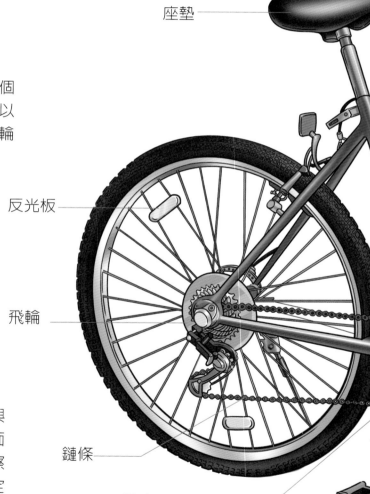

座墊

反光板

飛輪

鏈條

變速齒輪

腳踏板

 ## 1 座墊傾斜設計

座墊採用一定的傾斜角度，這個角度是根據人體結構設計而成的，以利於騎士的體重均勻分配在兩個車輪上。

2 輪胎「抓力」強

輪胎寬且多齒，不僅增加了與地面接觸的面積，也增加了接觸面的粗糙程度，提高與地面的摩擦力，使得「抓力」更強，提高穩定性和安全性。

③ 抗震性能好

寬輪胎以及安裝在輪胎附近、伸縮性能良好的彈簧前叉，可以減緩行駛在崎嶇路面時帶來的震動。

 ## ④ 測速表

測速表可顯示行走的里程數。它主要依靠安裝在前胎附近的感應器和磁鐵。車輪每轉動一圈，磁鐵就會從感應器旁經過一次，而感應器就會把資訊傳遞到測速表，並根據車輪轉動的圈數計算出里程。

測速表

感應器

發電機

磁鐵

機油

活塞

圓碟

刹車片

1 物鏡

　　望遠鏡是由兩組凸透鏡組成。靠近眼睛的凸透鏡為目鏡，靠近目標的凸透鏡為物鏡。物鏡能使目標物在焦點處形成一個倒立縮小的實像。

望遠鏡

　　望遠鏡是用來觀測遠距離物體的光學儀器。它利用光線通過透鏡的折射和被凹鏡反射進入小孔而成像，接著經過一個放大目鏡而被看到。第一架望遠鏡於1608年由荷蘭的眼鏡商漢斯·李波爾製造，自此之後越來越多的人開始研究望遠鏡，並製造出了放大倍數更大、構造更複雜的望遠鏡，如雙筒望遠鏡和能觀測到各種天體的天文望遠鏡等。

2 目鏡

　　目鏡把物鏡在焦點處形成的倒立的實像放大為虛像，最後讓我們清楚看到遠處的觀察物。

3 雙筒望遠鏡設計

　　雙筒式的望遠鏡可以讓兩隻眼睛同時觀察，擴大視野，將物體看得更為清楚。

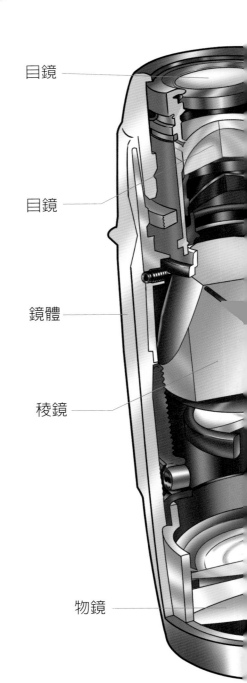

目鏡

目鏡

鏡體

稜鏡

物鏡

4 稜鏡

　　直接透過物鏡和目鏡觀測到的圖像是倒立的，雙筒望遠鏡通常會在物鏡和目鏡之間，小孔的後面，用一塊鋼片固定住一個稜鏡，將倒立的圖像翻轉過來，變成正位，這是現代望遠鏡最明顯的特徵。

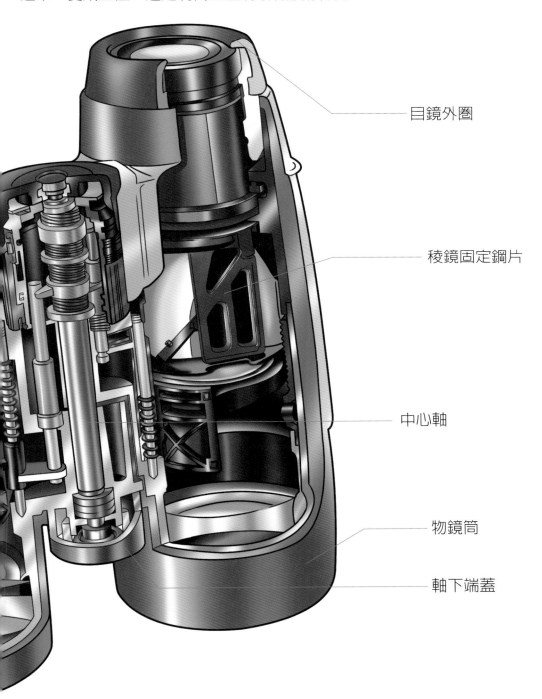

目鏡外圈

稜鏡固定鋼片

中心軸

物鏡筒

軸下端蓋

顯微鏡

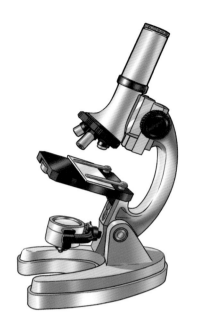

顯微鏡分光學顯微鏡和電子顯微鏡，兩者的區別在於放大的倍數不同，一般來說，電子顯微鏡放大的倍數是光學顯微鏡的100倍。

光學顯微鏡比電子顯微鏡還早發明，早在十六世紀就出現，它的出現幫助我們看到微小的動植物的細胞，主要由鏡筒、載物臺、玻片夾、聚光鏡、反射鏡等組成。接著來看看，怎麼用顯微鏡觀察標本吧。

玻片夾 ————————

載物臺 ————————

 ## 載物臺放標本

將標本放在透明玻片上，然後整個放在載物台臺上，用玻片夾夾住，對準聚光鏡。

反光鏡 ————————

 ## 反光鏡反射光線

聚光鏡將光線折射到反光鏡，反光鏡又把光線反射出去，照到標本上。

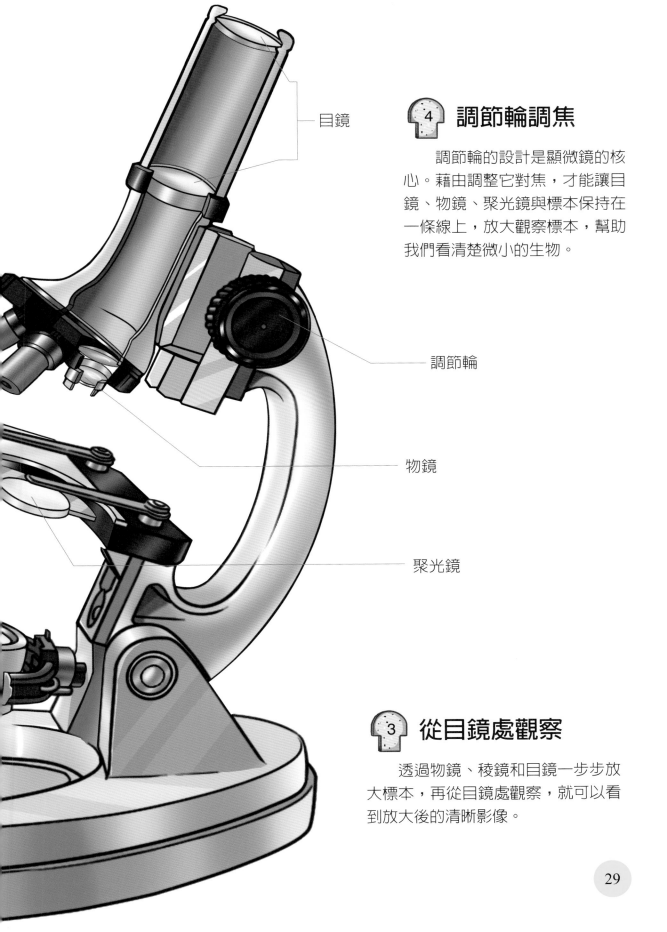

目鏡

物鏡

調節輪

聚光鏡

4 調節輪調焦

　　調節輪的設計是顯微鏡的核心。藉由調整它對焦，才能讓目鏡、物鏡、聚光鏡與標本保持在一條線上，放大觀察標本，幫助我們看清楚微小的生物。

3 從目鏡處觀察

　　透過物鏡、稜鏡和目鏡一步步放大標本，再從目鏡處觀察，就可以看到放大後的清晰影像。

抽水馬桶

抽水馬桶誕生於十六世紀，是由英國一位被流放的教士約翰·哈林頓設計。它的誕生改變了人們的生活習慣，只要輕輕一壓，水箱裡的水往下快速流動、迴旋，就把髒物沖走了，方便而快捷。

沖水把手

溢水管

馬桶

流水孔

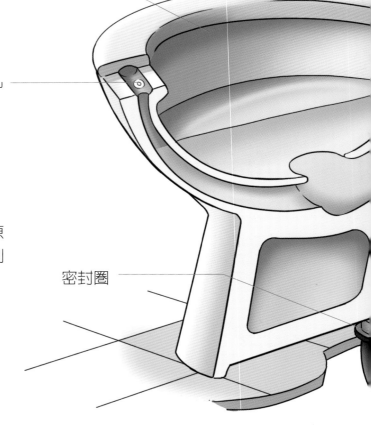

 ## 虹吸管和水封

水箱中的虹吸管是利用虹吸原理，增加馬桶中的吸水力。水封則可以阻隔下水道裡的異味散出。

密封圈

 **3 浮球**

　　浮球位於水箱裡，當水箱裡的水排出，水位下降，浮球也跟著下降，此時因為槓桿原理，另一端會上升並打開閥門，水便流入進水管。浮球隨著水位上升而上升，等水儲存到一定深度後，閥門關閉，便完成蓄水。這是抽水馬桶最核心的技術。

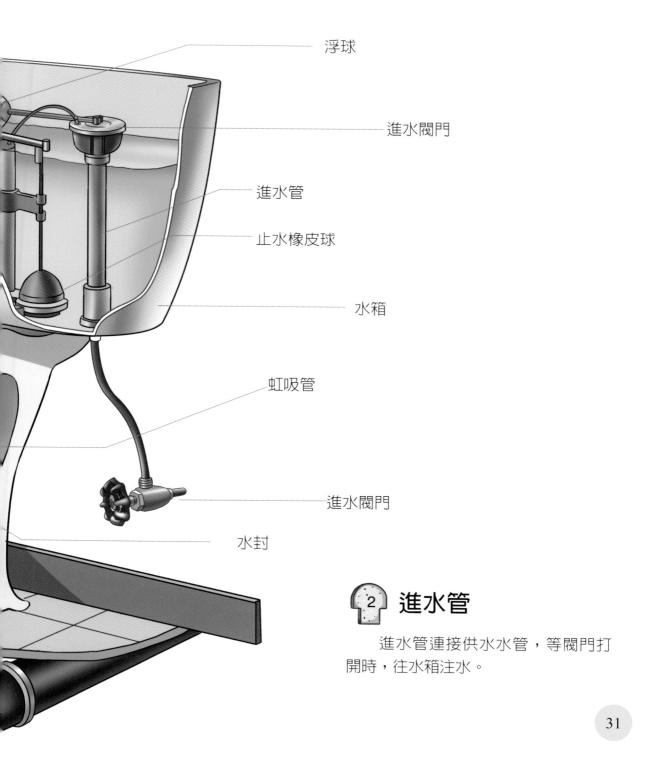

浮球

進水閥門

進水管

止水橡皮球

水箱

虹吸管

進水閥門

水封

2 進水管

　　進水管連接供水水管，等閥門打開時，往水箱注水。

 ## 1 編織軟管

編織軟管可採用不鏽鋼絲或鋁絲，較為柔軟，方便安裝，與家庭主水管相連接。

陶瓷軸心 ————————

編織軟管 ————————

水龍頭和排水管

水龍頭是用來控制水流量的開關。最早的水龍頭開關方式採用螺旋式。而今天，人們普遍使用升降式水龍頭。利用把手提起水龍頭中的柱塞，水就流出來了。然後廢水流入排水管排出。排水管有一段是彎曲的，是為了在管道中留下一些水，封住下水道的異味。

 ## 2 存水彎

排水管中有一段採用彎曲U形設計，使得管子裡保留一定水量，相當於一個塞子，將汙水產生的難聞氣味堵住，不會被人聞到。

3 排水口

排水口就是連接汙水管的地方。一般有安裝過濾裝置，避免雜物進入，阻塞管道。

把手

軸心底座

出水口

排水口

4 陶瓷軸心

　　軸心是水龍頭的核心部位。它包括軸心殼及軸心殼內的轉芯。轉芯藉由撥叉卡與動閥片相接，緊接著動閥片的是靜閥片。靜閥片固定在軸心殼內，並有兩個相對應的進水孔。動閥片則有跟進水孔相對應的出水孔。

　　當把手旋轉轉芯的時候，轉芯下端的撥叉就會帶動動閥片轉動，使得動閥片上的出水孔跟靜閥片上的進水孔相互對應，從轉芯上的通孔流水出來。當從另一個方向旋轉轉芯時，動閥片與靜閥片的通孔部分或完全錯位，只會流出部分水或完全沒有水。

存水彎

電燈

電燈是一種照明工具，其中最為常見的就是白熾燈和螢光燈。其中，白熾燈主要由燈絲、玻璃殼體、燈頭等幾部分組成，通電時，利用電流將細小絲線加熱到白熾狀態，發光發熱後即可成功將電能轉化為熱能和光能。而螢光燈是利用在通電的情況下，燈管裡的低壓水銀蒸氣產生紫外線，激發螢光粉發出可見光的原理發光。

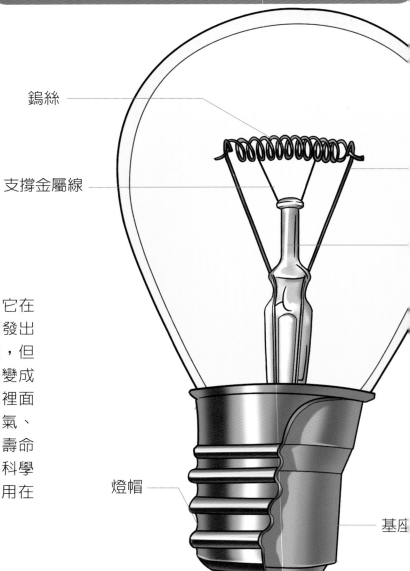

鎢絲

支撐金屬線

燈帽

基座

 1 鎢絲

　　鎢絲為白熾燈的核心。它在通電的情況下被加熱，從而發出了光和熱。雖然鎢絲耐高溫，但在真空的情況下，極易昇華變成蒸氣。為了減緩昇華，燈泡裡面通常注入了惰性氣體，如氮氣、氬氣、氪氣等，現代白熾燈壽命可達1000小時左右。著名的科學家愛迪生是第一個將鎢絲運用在燈泡上的人。

2 金屬接觸點

白熾燈的底部有兩個金屬接觸點，用來與鎢絲連接並通電。

 ## 3 燈泡玻璃

白熾燈的玻璃殼體將燈泡裡面的鎢絲和惰性氣體密封住，以免氧氣進入，使得鎢絲在高溫下氧化損毀。

— 玻璃殼體

 ## 4 螢光的燈管

燈管是螢光燈最重要的配件，燈管裡含有水銀蒸氣和氖氣，內壁則塗上一層螢光粉。電極接通電源後，會在燈管中放電，推動電子迴圈運動。電子跟水銀原子發生碰撞，以紫外線的形式釋放光，這時候的光是看不見的。紫外線使得螢光粉原子的電子能量大增，然後，釋放出肉眼可以看見的光。

— 銅片導線

璃支撐棒

 ## 5 電子安定器

螢光燈的電子安定器是用來調節電流，確保螢光燈產生的光不會閃爍。

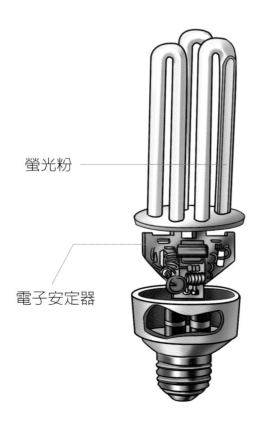

螢光粉

電子安定器

電池

電池在我們的生活中非常普遍，其實就是能產生電能的小型裝置。電池結構簡單，攜帶方便，充、放電操作也非常簡便，不易受外界氣候和溫度的影響，性能安全可靠，在現代社會生活中各個層面有巨大的作用。電池有很多種類，如太陽能電池、乾電池和蓄電池等。圖中所示即為乾電池，乾電池有正、負兩極。

 1 碳棒（正極）

電池內部有一根長長的像棒子一樣的東西，它是由碳製成的，稱為碳棒。它是電池的正極，碳棒就是電池的正極。

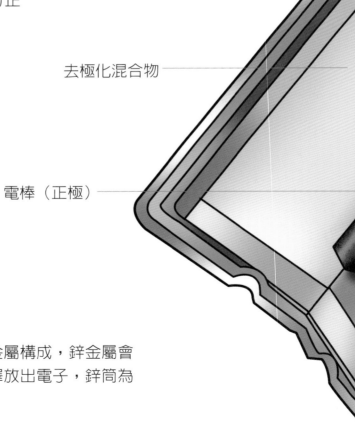

去極化混合物

電棒（正極）

2 鋅筒（負極）

電池內部的內壁由鋅金屬構成，鋅金屬會發生反應，變成鋅離子，釋放出電子，鋅筒為電池的負極。

電解液

　　電解液填充在電池的內部，離子可以在電解質裡通過。當電池正負極接通後，電子開始定向運動，產生電流，提供電器電力。

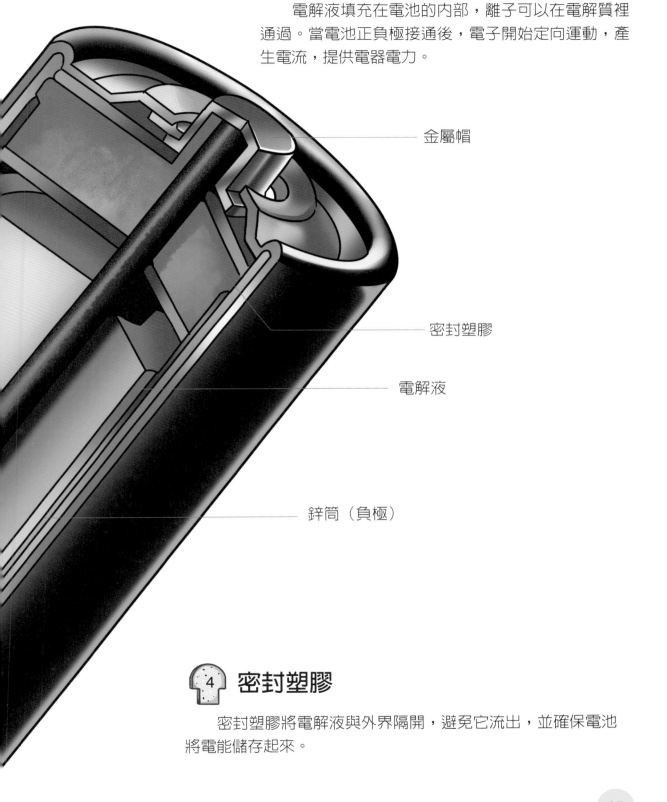

金屬帽

密封塑膠

電解液

鋅筒（負極）

 密封塑膠

　　密封塑膠將電解液與外界隔開，避免它流出，並確保電池將電能儲存起來。

遙控玩具

在生活中，我們常常能看到這樣的畫面：手拿遙控器就可以控制玩具飛機、玩具汽車飛行或行駛方向。其中隱藏了什麼奧祕呢？不妨先來看看遙控汽車的遠程操作吧。

1 天線

　　遙控器是遠端操控玩具汽車的重要工具，遙控器上有一根天線，可以發出無線電波指令；汽車的車身上也有一根天線，可以接收來自遙控器發出的無線電波指令，它們一一對應，所以遙控器只能操控與它對應的玩具。

天線

手柄（控制方向）

手柄（控制引擎）

 **遙控器**

遙控器除了有天線外，還有兩個手柄，分別控制著汽車的方向和引擎。

天線

 電路

汽車內部有安裝電路，當汽車接收到遙控器發出的無線電波，電路就會啟動引擎。

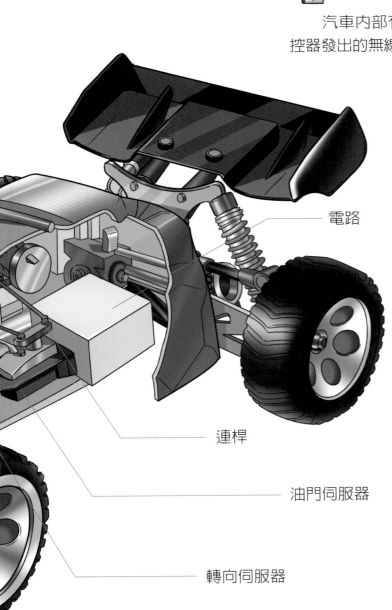

電路

連桿

油門伺服器

轉向伺服器

 引擎伺服系統

引擎啟動後，伺服系統也跟著啟動，它可以執行遙控器發出來的命令。

轉向與變速

汽車有轉向和變速系統。它接收到伺服系統的指令後，會調節汽車的方向或加速運轉。

電動牙刷

電動牙刷是近幾年才出現的新產品，與普通牙刷相比，設計得更科學、更有效，主要由可充電乾電池、微型馬達、電池盒、牙刷頭、金屬護板及套筒組成。藉由馬達機芯的快速旋轉、振動，使刷頭產生高頻振動，快速把牙膏分解為細微泡沫，深入清潔牙縫。

 刷毛

刷毛使用軟材質塑膠纖維，末端加工為球形，既不會對牙齒和牙床有損傷，又不影響刷牙效果。它在刷乾淨的同時，也同時按摩牙床。此外，電動牙刷還可搭配各種不同型號的牙刷頭，以便適用於不同的使用者。

 開關

電動牙刷的牙刷柄上安裝了可轉換強、弱的開關，可以根據個人需要選擇牙刷頭運轉速度。

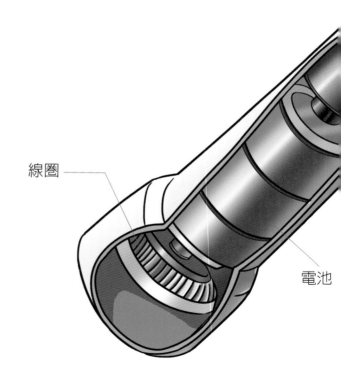

線圈

電池

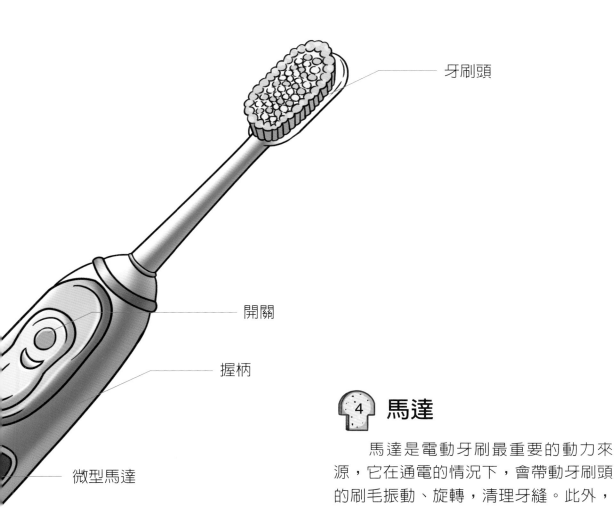

牙刷頭

開關

握柄

微型馬達

4 馬達

馬達是電動牙刷最重要的動力來源，它在通電的情況下，會帶動牙刷頭的刷毛振動、旋轉，清理牙縫。此外，刷毛的顫動還可以促進口腔的血液循環，也對牙齦組織有非常好的按摩效果。

3 電池盒

容納可提供電力的電池空間。

感測器

　　電子秤四個角上的金屬板上安裝了感
測器，感測器由壓電材料製成，當人站到
秤上後，感測器就會開始拉伸變形，且根
據重量的不同而有所變化。這是電子體重
計的核心，沒有它，根本無法量出重量。

 # 電路板中的電流

　　感測器拉伸變形的程度不同，使得
流經它的電流大小不一樣，進而將人的
重量轉變為電流訊號。

電池

 # 電流訊號加強

　　電流訊號傳遞到解碼器，進一步分析
後，電流訊號轉化為數位訊號。

電線

電子體重計

想要知道自己有多重，直接站上電子體重計就會顯示出你的體重，免去了使用傳統體重計讀數的煩惱。那電子體重計是怎麼運作的呢？

一般來說，主要由秤重系統、感測器及電子顯示螢幕三部分組成。來看看它們各自的作用吧。

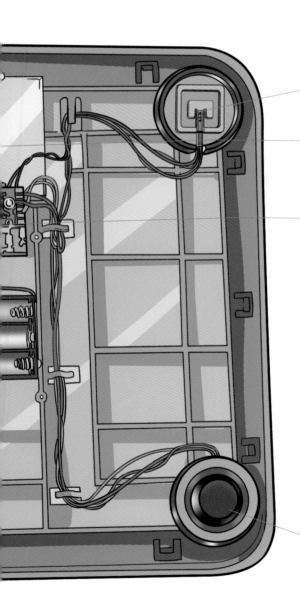

感測器

螢幕（背面）

電路板

支架

 4 螢幕

數位訊號要傳遞到螢幕時，解碼器就會開始分析數位資料，然後，顯示出具體的體重數字。

自動縫合系統

自動縫合系統是縫紉機的核心，它主要由齒輪、滑輪和馬達、針、針桿等組成。針固定在針桿上，由馬達帶動齒輪和凸輪上下運作。

當針的尖端穿過織物時，它從另一面拉出一個小線圈。織物下面的裝置會抓住這個線圈，將其包住，如此反覆不斷穿過織物進行縫合。

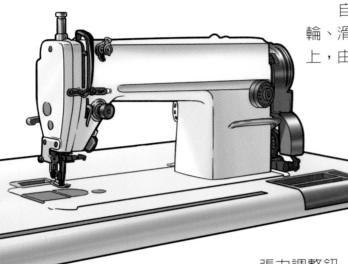

感測器

正是有了感測器才可以將馬達工作區域的資料傳遞到電腦，電腦又透過感測器，將指令傳輸到機器上。

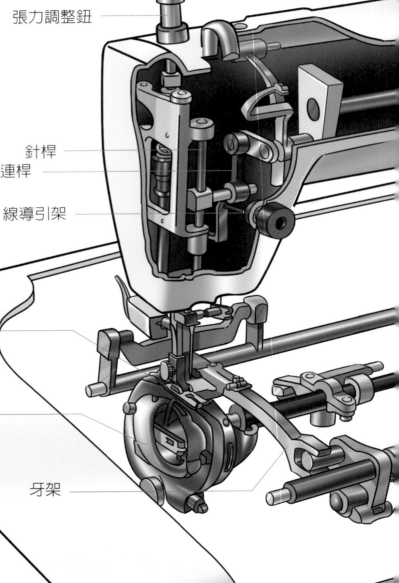

張力調整鈕

針桿

小連桿

線導引架

壓布腳

梭殼

牙架

電動縫紉机

電動縫紉機結合了傳統縫紉機的基礎以及現代智慧電子技術，在電腦程式的控制下完成各式縫紉，不僅提高了效率，還增加了更加豐富多彩的圖樣。它比二百年前的完全人工作業的縫紉機還要複雜，是現代服裝企業必備的縫製設備。但是，它的縫紉系統的原理和傳統的縫紉機相同，都是針讓線圈通過織物，與另一根線纏繞，針不斷在縫紉物走線，完成一件件衣物。

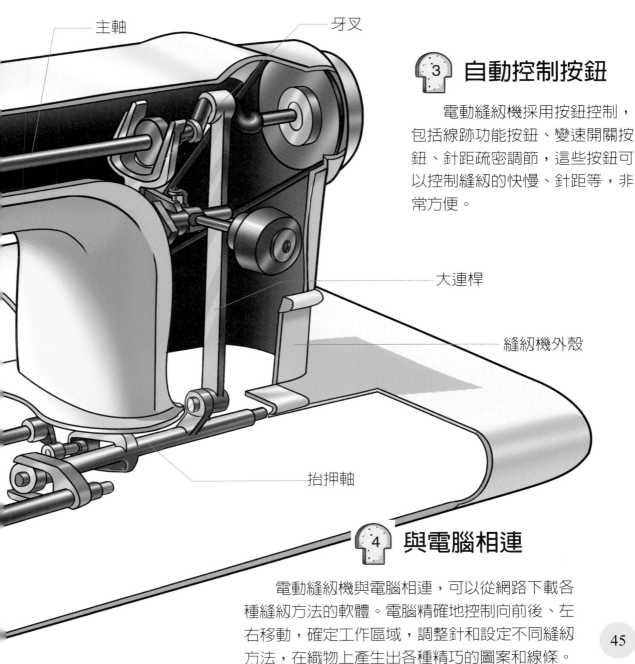

主軸

牙叉

大連桿

縫紉機外殼

抬押軸

3 自動控制按鈕

電動縫紉機採用按鈕控制，包括線跡功能按鈕、變速開關按鈕、針距疏密調節，這些按鈕可以控制縫紉的快慢、針距等，非常方便。

4 與電腦相連

電動縫紉機與電腦相連，可以從網路下載各種縫紉方法的軟體。電腦精確地控制向前後、左右移動，確定工作區域，調整針和設定不同縫紉方法，在織物上產生出各種精巧的圖案和線條。

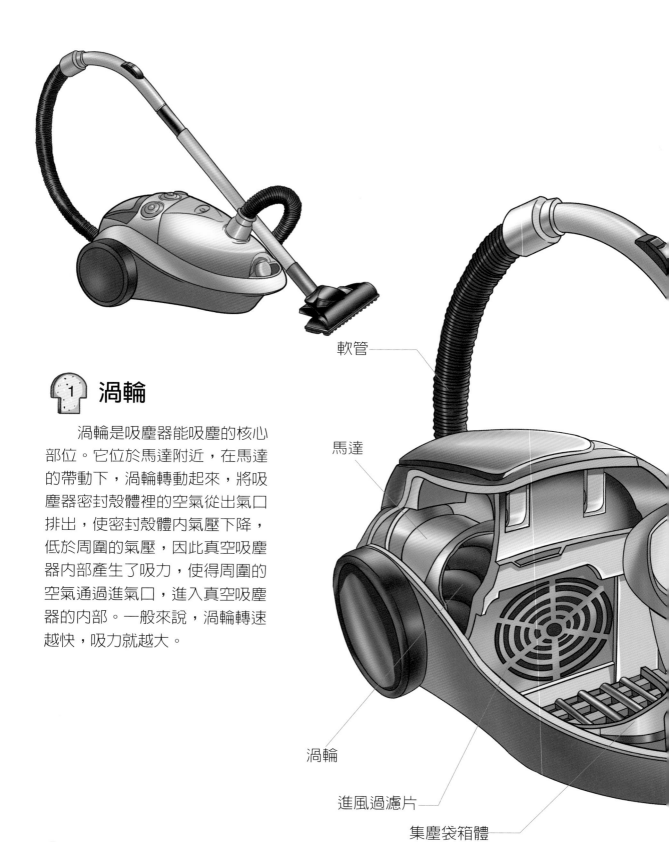

① 渦輪

　　渦輪是吸塵器能吸塵的核心部位。它位於馬達附近，在馬達的帶動下，渦輪轉動起來，將吸塵器密封殼體裡的空氣從出氣口排出，使密封殼體內氣壓下降，低於周圍的氣壓，因此真空吸塵器內部產生了吸力，使得周圍的空氣通過進氣口，進入真空吸塵器的內部。一般來說，渦輪轉速越快，吸力就越大。

軟管

馬達

渦輪

進風過濾片

集塵袋箱體

真空吸塵器

　　真空吸塵器是一種清潔工具，它利用馬達帶動葉片高速旋轉，使得密封殼體內的空氣壓力比外界低，地板、地毯、家具上的灰塵、汙漬等會隨著外界的空氣一同被吸進吸塵器。吸塵器的構造較為複雜，最重要的部位包括進氣口、出氣口、馬達、渦輪、集塵袋以及可以容納其他部位的盒子。

開關

握柄

2　真空集塵袋

　　在進氣口和出氣口之間的通道有真空吸塵袋。它由多孔的織物製成，用來過濾空氣。袋子上細小的孔可以讓空氣微粒穿過，但是較大的灰塵顆粒無法穿過，留在袋子內沉積下來。

3　吸頭

　　吸塵器有不同類型的吸頭，用來清理地板及地毯。它將地毯上的灰塵掃起，隨著氣流一起從進氣口吸入吸塵器裡。

進氣口

外殼

軟管接頭

吸頭

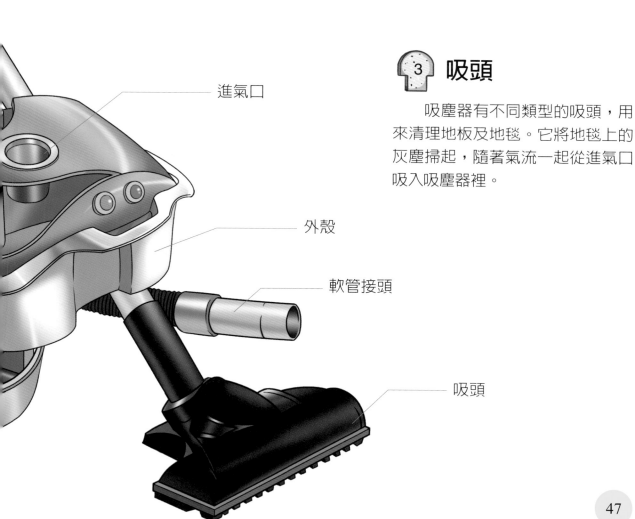

熱空氣出風口

電暖器

電暖器是一種取暖設備，可以分為輻射式電暖器和對流式電暖器。輻射式電暖器是由紅外線輻射散發熱量。而對流式是藉由熱對流來加熱周圍的空氣，提高整個空間的溫度。它主要由冷空氣進風口、熱空氣出風口、外殼和電阻器組成。

電阻器

冷空氣進風口

電暖器的下方是冷空氣的入口，進入的冷空氣會往電阻器的位置擴散

冷空氣進風口

電阻器

電阻器是電暖器的關鍵部位。接通電源後，電阻器會加熱，把熱量傳給流入的冷空氣，將冷空氣轉變為熱空氣。

熱空氣出風口

　　加熱後的空氣比較輕，會從電暖器上方的柵欄縫隙流出，就是熱空氣出風口。冷空氣不斷地從下方的進風口流入，加熱後，又不斷地從出風口流出，如此循環，使得整個空間的溫度都提高。

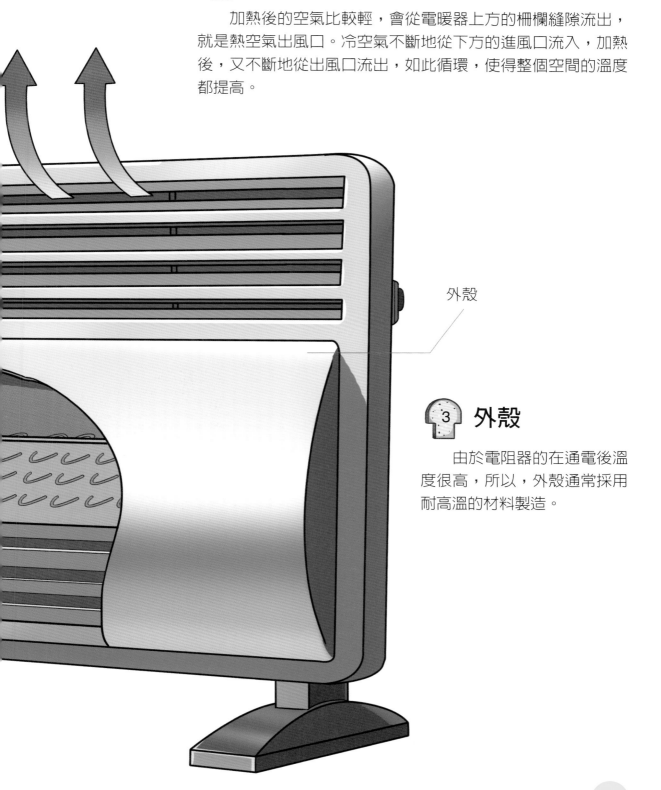

外殼

③ 外殼

　　由於電阻器的在通電後溫度很高，所以，外殼通常採用耐高溫的材料製造。

吹風機

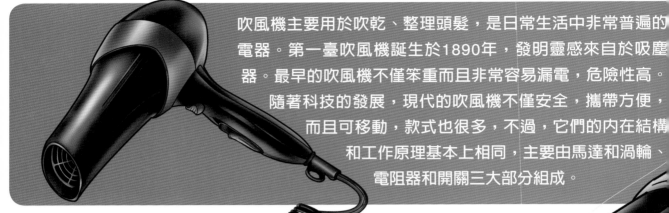

吹風機主要用於吹乾、整理頭髮，是日常生活中非常普遍的電器。第一臺吹風機誕生於1890年，發明靈感來自於吸塵器。最早的吹風機不僅笨重而且非常容易漏電，危險性高。隨著科技的發展，現代的吹風機不僅安全，攜帶方便，而且可移動，款式也很多，不過，它們的內在結構和工作原理基本上相同，主要由馬達和渦輪、電阻器和開關三大部分組成。

電阻器

 馬達和渦輪

馬達是動力來源，安裝在殼體內，渦輪則裝在馬達的軸端上。通上電後馬達帶動渦輪旋轉，從進風口吸入冷空氣，將熱風吹出出風口。

出風口

外殼

 電阻器

電阻器為吹風機核心，安裝在出風口處。冷風由電熱器加熱，變成熱風吹出。有些吹風機還會在電阻器附近裝上恆溫器，一旦超過預定溫度就會自動切斷電路，具有良好的保護作用。

4 開關

一般有「熱風」、「冷風」、「停」三個按鈕開關，推動開關選擇不同需求。有的電阻器分為二段或者三段，透過開關控制電熱器的段數，調節吹出來的風的溫度。

渦輪

開關

 3 出風口

出風口口徑比較小，有利於熱風集中並吹出，更容易將局部的濕髮吹乾。

烤麵包機

烤麵包機是常見的廚房用品，主要用來烘烤麵包。它屬於加熱電器，在麵包附近生成足夠的熱能，烘烤麵包。它可以根據設置的時間、溫度等設定，自動將麵包烤好，然後停止工作，並將麵包從機器中彈出，方便人們拿取。

 ## 1 烤箱

烤箱是核心部位之一，它是一個金屬容器，容器外壁有發熱片。在通電的情況下，發熱片發熱，所產生的熱能通過金屬進入烤箱內部，完成作業。

 ## 2 溫度控制器

它也是麵包機的核心之一，當人們設定好後，即可按照要求達成溫度控制以及烘烤時間的控制。

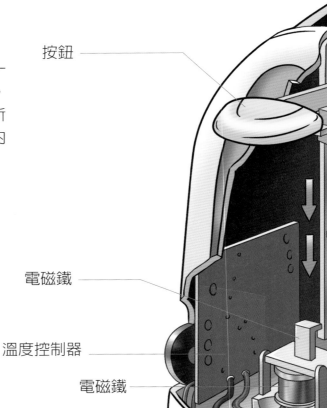

按鈕

電磁鐵

溫度控制器

電磁鐵

3 外殼

外殼一般設計的非常亮眼，大多是由耐熱塑膠製成，不容易傳導熱能。外殼與烤箱之間有空隙，有利於熱能從烤麵包機上方的散出，避免外殼過熱對人體造成傷害。

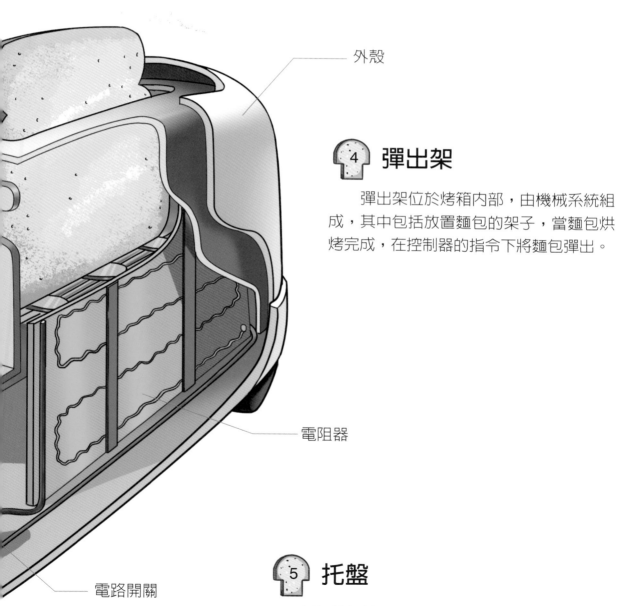

外殼

4 彈出架

彈出架位於烤箱內部，由機械系統組成，其中包括放置麵包的架子，當麵包烘烤完成，在控制器的指令下將麵包彈出。

電阻器

電路開關

5 托盤

托盤位於烤箱底部，用來收集烘烤麵包時留下的麵包屑。

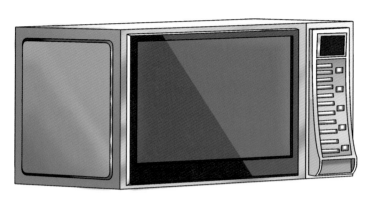

 磁控管

磁控管是微波爐的核心，它
是一根真空管，可以將直流電能
轉化成微波，發射出去。

微波爐

微波爐，顧名思義，就是用微波來加熱食品的現代化烹調設備。可是，什麼是微波呢？微波是電磁波的一種，它本身並不會產生熱，但是，它輻射到食品上時，食品所含的水分子，會隨微波振動，與相鄰分子的相互作用，促使水分子溫度升高，食品的溫度也就上升了。所以，用微波加熱的食品，因內部也同時加熱，使得整個物體受熱均勻，升溫速度非常快。微波爐主要由電源、磁控管、控制面板和腔體等部分組成。

轉盤支架

 波導管

波導管可以把磁控管產生的微波功率傳輸到爐腔，加熱食物。

底板

② 腔體

　　微波爐的腔體是烹調食物的地方，由非磁性材料的金屬板製成。經磁控管發射出來的微波可以在腔壁內來回反射，每次傳播均穿過食物，反覆加熱。

③ 轉盤

　　轉盤安裝在爐腔的底部，離爐底有一定的高度，由小馬達帶動旋轉，讓食物加快加熱速度的同時，也能均勻受熱。

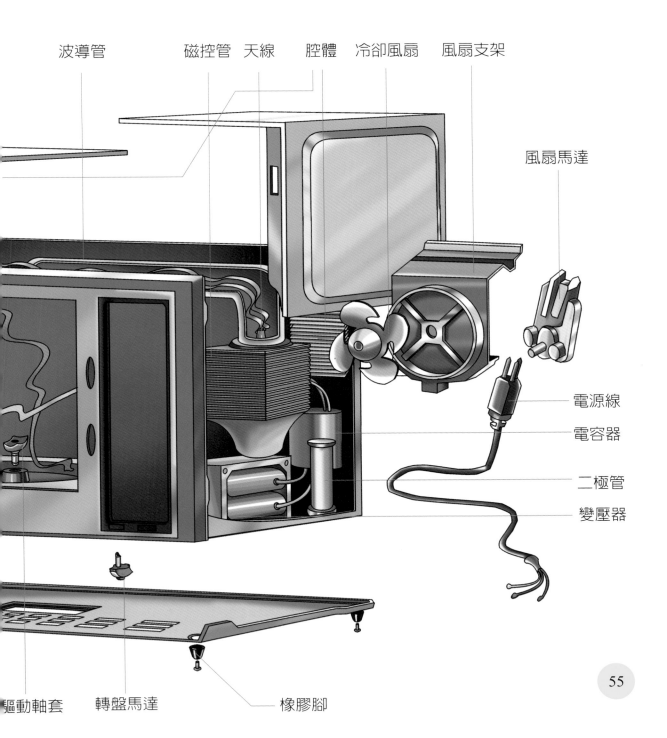

波導管　　　磁控管　天線　　腔體　冷卻風扇　風扇支架

風扇馬達

電源線

電容器

二極管

變壓器

驅動軸套　　轉盤馬達　　　　橡膠腳

洗碗機

洗碗機是用來自動清洗碗筷、盤子、刀叉等餐具的機器，有家用，也有專門設計給餐廳和酒店使用的，為餐廳工作人員減輕負擔，提高工作效率，是廚房裡的好幫手。

 上、下灑水孔

是洗碗機最重要的部位，從上、下噴管噴出來的水可沖洗碗架上的餐具，清潔碗筷。

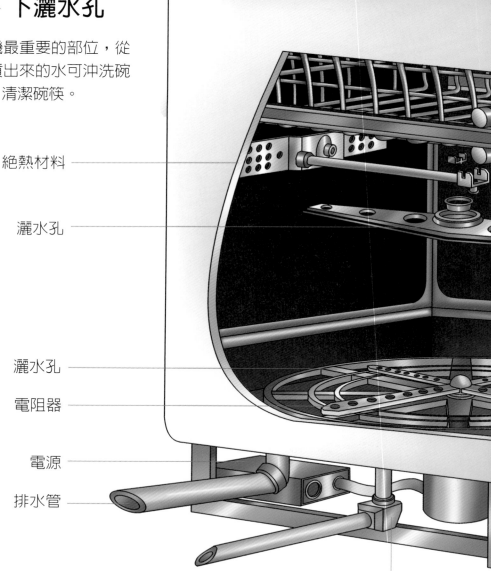

絕熱材料

灑水孔

灑水孔

電阻器

電源

排水管

進水閥

③ 控制裝置

　　洗碗機的控制裝置安裝在洗碗機的門上，控制臺的後面。它採用簡單的電機系統——計時器，決定運轉時間和在設定的時間啓動功能。

 ### ④ 進水閥

　　洗碗機的進水閥是水從供水系統進入洗碗機的閥門。當進水閥打開時，水就能進入洗碗機裡進行沖洗工作。

 ### ② 門鎖

　　現代洗碗機還有電腦控制系統，門上有一個門鎖，在洗碗機運轉之前必須把門鎖鎖上才能正式運轉。

控制按鈕和
監視按鈕

金屬碗架

門墊

浮空閥

操作面板

洗滌劑添加盒

1 溫度感應器

溫度感應器對熱量比較靈敏，在線圈感應產生熱能後，它會將熱能訊號傳遞到電路板控制。

溫度感應器

金屬線圈

爐腳

3 金屬線圈

它纏繞了很多線圈，當電磁爐通上電後，產生的交流電通過線圈時會產生不斷變化的磁場，使得處於磁場中的金屬導體的內部出現渦電流，進而產生大量的熱能。這是電磁爐的核心技術。

主機板

電磁爐

世界上第一臺家用電磁爐誕生於1957年的德國。因結構非常簡單，不占空間，攜帶方便，做菜速度快，電磁爐順利走進了千家萬戶。它是一種現代高效節能廚具，無需明火或傳導式加熱，而是利用電磁感應產生的電磁輻射，讓熱直接在鍋底產生，大大提高熱效率，成為人們生活的好幫手。

4 黑晶板

黑晶板直接和鍋底接，保溫和傳熱性能好，可最大限度將能量傳到鍋，加快烹飪速度。

2 指示燈

即操控面板。不同的按鈕可以切換熱能大小以及烹調的速度。

黑晶板

面殼

指示燈

底殼

風扇

食物調理機

食物調理機是近幾年流行的日常廚具，從榨汁功能，逐漸延伸到磨豆漿、磨乾粉、打肉餡、刨冰等功能，是製作果汁、豆漿、肉餡等食物的好工具。原理很簡單，就是用高速旋轉的刀片切碎、研磨水果、蔬菜等。

① 刀片組件

調理機的刀片是核心部位之一。它位於料理杯內，透過馬達帶動可以旋轉，將水果、蔬菜等切削或研磨等。

入料口

攪拌杯

握把

料理杯

刀片組件

2 控制按鈕

　　包含開關和低速、高速按鈕，分別用來控制開啟、關閉，以及刀片旋轉的速度。在不同要求下選擇工作模式，容易掌控。

開關

低速

高速

馬達

上軸封

側軸封

密封腔體

下軸封

3 馬達

　　馬達是料理機的另一核心，位於主機內，經由連接傳動系統使刀片旋轉。

主機

1 水泥塊

滾筒洗衣機裡有兩大塊水泥塊一塊壓在頂部，一塊墊在底下，用平衡滾筒旋轉時產生的巨大離心力不至於將整座機體甩出去。

洗劑盒

玻璃窗

2 懸浮器

是洗衣機內筒重要部位之一。衣物靠近這部分，互相摩擦後產生揉搓作用，還可以將衣物提升到水面上並送到一定高度，讓衣物因重力作用又重新浸入水中，這些摔打、撞擊可提升清潔力。

懸浮器

滾筒洗衣機

主要由不鏽鋼內桶、操作面板、外殼等組成。它是模仿棒槌擊打衣物的原理設計而成，利用馬達使滾筒旋轉，讓衣物在滾筒中上下摔打不斷重複，再加上洗衣粉和水的共同作用下將衣物洗滌乾淨。

操作面板

③ 外殼

滾筒洗衣機的外殼經過磷化、電泳和噴漆三重工藝處理，大大提高使用壽命，高達十五年，使用壽命遠遠高出塑膠外殼的波輪洗衣機。

馬達

排水泵

空調

空調是空氣調節器的簡稱，俗稱冷氣，它可以調節建築內溫度、濕度、潔淨度等。目前空調的種類包括掛壁型分離式空調、窗型直立式空調、窗型空調和吊隱式空調等，圖中所示即為掛壁型分離式空調。

室外機散熱風扇

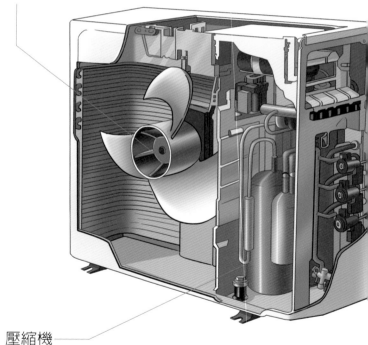

 1 壓縮機

壓縮機安裝在室外機中，它把冷媒從低壓區抽取來經並壓縮冷凝成高壓液體，再從高壓區流向低壓區，通過毛細管噴射到蒸發器中，此時壓力驟降，液態冷媒立即變成氣態，在這個變化過程中，藉由散熱片從室內吸收大量的熱能，達到降溫效果。

壓縮機

2 冷媒

目前使用最多的冷媒是氟氯碳化物，它的特性是：由氣態變為液態時，會釋放大量的熱能。而由液態轉變為氣態時，會吸收大量的熱能。因此，利用它由氣態變為液態時釋放的熱量，可以讓室內升溫，利用它由液態變為氣態時將過多的熱能吸走，則可以達到降溫效果，這就是空調運作的原理。

5 滅菌燈

滅菌燈通常採用臭氧、紫外線燈等，對流入空調的
空氣進行殺毒消菌的工作，淨化空氣。

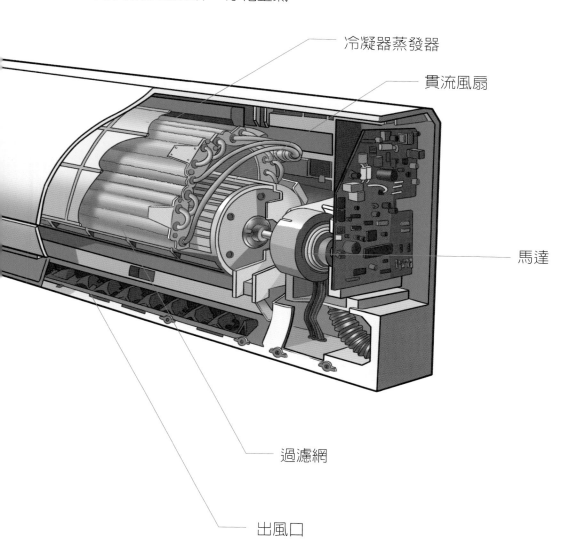

冷凝器蒸發器

貫流風扇

馬達

過濾網

出風口

3 空氣過濾網

空氣流入空調時，最先經過空氣過濾
網。過濾網會將空氣中的一些懸浮粒子濾
掉，達成淨化效果，所以，用了一段時間
的空調需要清洗。

4 四通閥

四通閥是升溫系統，它使冷媒在冷凝
器與蒸發器的流動方向與降溫時相反，因
此，升溫的時候室外是冷風，室內機是熱
風。

 製冷系統

　　製冷系統是電冰箱的核心系統，由壓縮機、冷凝管、散熱管、毛細管節流器四部分組成。其中冷凝管安裝在電冰箱內部的上方，其他安裝在電冰箱的背面，構成了一個封閉的循環系統。

　　系統裡有冷媒，它會在蒸發器裡由液體變為氣體，吸收了冰箱內的熱能，使箱內溫度降低，達到保鮮效果。而變成氣態的冷媒繼續被壓縮機吸入，在壓縮機的作用下變成了高壓的氣體，循環至冷凝管，在冷凝管中的冷媒又凝結成液體。這些液體流經毛細管節流降壓後，又變為氣體，吸收冰箱內的熱能。如此反覆循環，達到降溫保鮮效果。

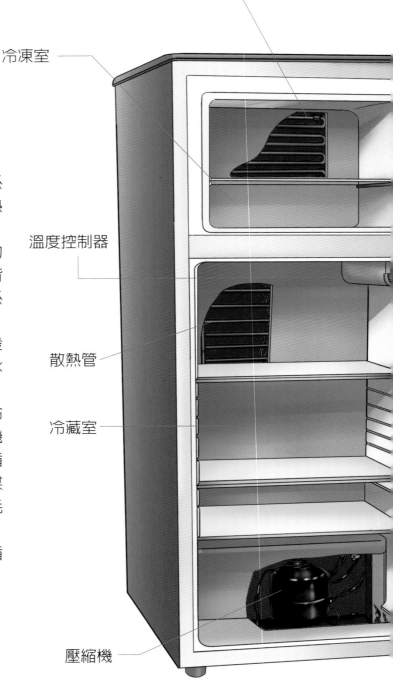

冷凝管

冷凍室

溫度控制器

散熱管

冷藏室

壓縮機

電冰箱

世界上第一臺家用冰箱於1910年誕生，到二十世紀五〇年代電冰箱才大量生產運用。冰箱可以維持恆定低溫，保持食物鮮度，是人們非常重要的生活產品。它是利用液體變成氣態的過程中，會吸收熱能的原理降溫，主要由壓縮機、製冷系統、冷凍室和冷藏室等組成。

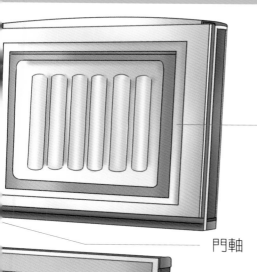

門墊密封圈

門軸

 ## 2 溫度控制器

電冰箱可以按要求設定溫度。當溫度達到這個溫度後，壓縮機會在溫度控制器的指令下停止工作，不再降溫。高於這個一定溫度時，溫控器會指令壓縮機繼續工作。

 ## 3 分層

電冰箱內分成幾個室，有冷凍室、冷藏室等。冷藏室主要用於冷藏蔬菜、水果等需要短時間內保鮮的食品，冷凍室主要用於肉類、冷凍食品等。

單眼相機

單眼相機的全稱為單鏡頭反射式照相機，是指攝影曝光光路和取景光路共用一個鏡頭，並藉由一塊平面反光鏡將兩個光路分開的相機。它的工作原理是，光線透過鏡頭到達反光鏡後，會反射到上面的對焦屏形成影像，再通過一塊凸透鏡並再次在五稜鏡中反射，圖像則出現在取景框中，最後按下快門，反光鏡彈起，圖像就在底片或感光元件上了。

 ## 1 對焦屏

對焦屏位於反光鏡上方，由毛玻璃構成，透過反光鏡，可在屏上觀察到進入目鏡的圖像。而對焦屏和膠片的距離與反光鏡一樣，將圖像聚焦在屏上，也就將它聚焦在膠片上了。

 ## 2 觀景窗

眼睛透過觀景窗可以觀看到對焦屏上的圖像，確定是否對準要拍攝的目標。

 ## 3 模式轉盤

主要用來控制快門，其內在膠片的前面安裝了配有彈簧的光閘，第一個光閘通常覆蓋著膠片。當按下快門時，第一個光閘就會捲起，使膠片暴露在從透鏡射進來的光束裡。然後第二個光閘展開來再次覆蓋膠片，等待下一次按下快門拍攝，如此反覆。

模式轉盤

4 可變光圈

可變光圈位於透鏡的中心,具有一套可旋轉的葉片,透過葉片的運動控制透鏡的孔徑,調整進入照相機的光量。光圈的大小影響圖片的清晰度,在中等光圈的時候拍攝出來的圖片最為清晰。

5 鏡頭

鏡頭是單眼相機最為核心的部位,也是最貴重的元件。藉由調整它,實現光學成像。有的鏡頭可以透過鏡筒的伸縮調節與膠片的距離,完成不同角度的相片。它的品質會直接影響到拍攝的效果。

牛槽

視景窗

五稜鏡

對焦屏

反光鏡

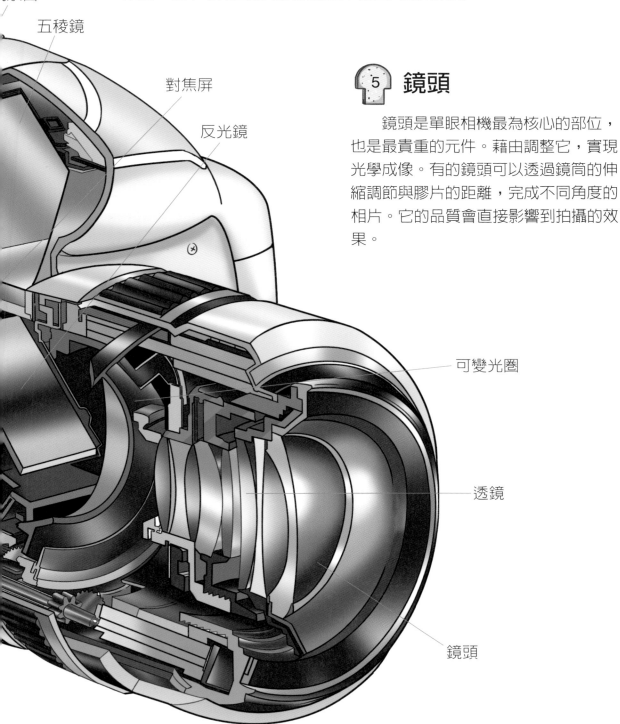

可變光圈

透鏡

鏡頭

手壓柄

彈簧

放氣閥

貯氣瓶

🍞①　手壓柄

　　在使用滅火器的時候，壓下手壓柄，就能打開內置貯氣瓶開關，在壓力的作用下噴出貯氣瓶裡的滅火劑。

🍞②　噴嘴

　　噴嘴是用來對準著火處，噴出滅火劑以進行滅火。它呈喇叭狀，具有緩衝作用，降低滅火劑噴出時的衝擊力。

3 安全栓

安全栓位於滅火器手壓柄下面，就象槍的保險一樣，拉開安全栓，壓下手壓柄，才能將裡面的滅火劑噴出。安全栓的作用就是避免滅火劑洩漏。

滅火器

滅火器是滅火的常用工具，它主要由筒體、器頭、噴嘴等組成，依靠驅動壓力將填充的滅火劑噴出，達到滅火的目的。它的結構很簡單，方便攜帶。滅火器的種類眾多，按照裝填的滅火劑的不同，可以分為泡沫滅火器、乾粉滅火器、二氧化碳滅火器和清水滅火器等。

4 貯氣瓶

貯氣瓶是儲氣瓶式滅火器的重要部位，用來儲存驅動氣體，下壓手壓柄時，貯氣瓶的開關被打開，裡面的高壓氣體被釋放出來驅動滅火劑，並將其噴出去。

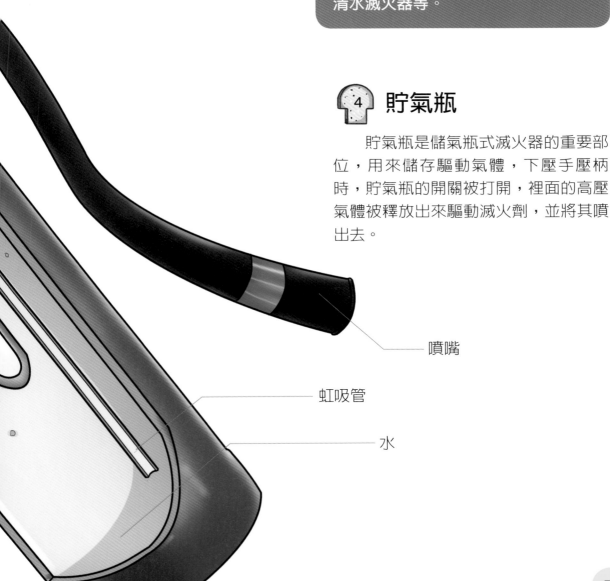

噴嘴

虹吸管

水

 冷卻風扇

馬達在運作時會發熱，冷卻風扇有利於散熱，避免馬達過熱而受損。

 鑽孔機彈簧

彈簧與鑽頭相連，可以在軸承的推動下往前或向後移動，帶動直接與物體接觸的鑽頭往前或向後移動，有利於隨著鑽孔的進行，直到將孔鑽到一定的深度。

冷卻風扇

彈簧

雙速轉動裝置

電鑽

電鑽，又叫打孔機、通孔機，它採用比目標物更堅硬、更銳利的材質製造，透過旋轉切削或旋轉擠壓的方式，在目標物上打出圓形孔洞。

3 馬達

馬達是鑽孔機的動力來源，它將電能轉化為機械能，藉由軸承帶動鑽頭、鑽孔彈簧的移動。

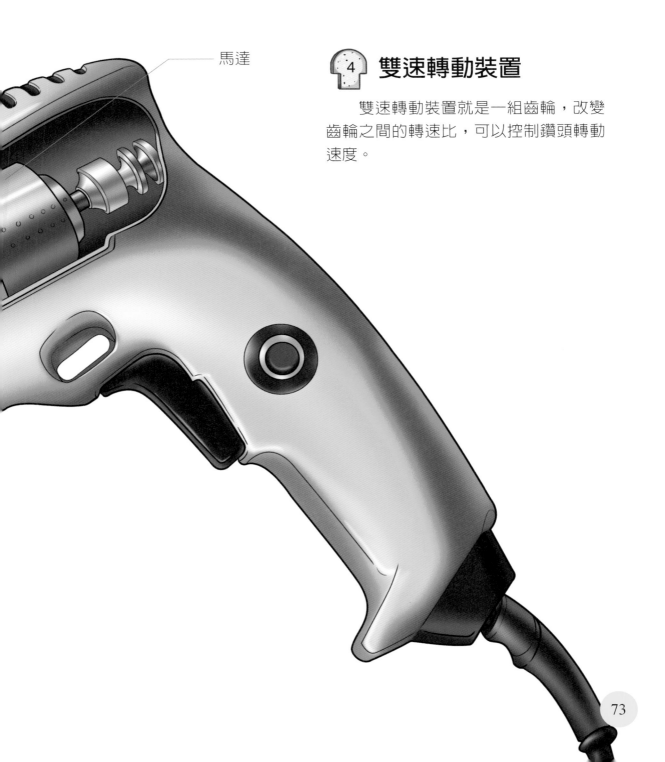

馬達

4 雙速轉動裝置

雙速轉動裝置就是一組齒輪，改變齒輪之間的轉速比，可以控制鑽頭轉動速度。

太陽能電池板

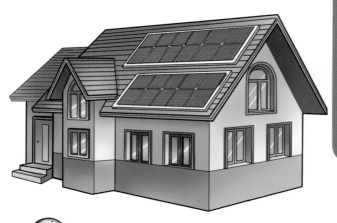

太陽的光和熱都是非常環保的能源。目前，世界上有兩種形式。其中一種是太陽光能電池板，將太陽的光能轉化為電能。另一種是太陽熱能電池板，即將太陽熱能轉化為電能。這兩種面積很大，必須安裝在屋頂面向太陽的地方。

 ## 光電元件

太陽能光電池板上有無數個用來收集太陽光的光電元件。光電元件的內部含有矽晶片，在太陽光的照射下，矽晶片上的電子會因為熱效應而與其他的電子發生激烈的碰撞，產生直流電，直流電再經過各種處理，可用於家用或賣給供電廠商，將光能轉化成電能。由於矽晶片比較貴，所以，太陽能光電池板的售價比較高，若是家用的話，太陽能熱電池板較為經濟。

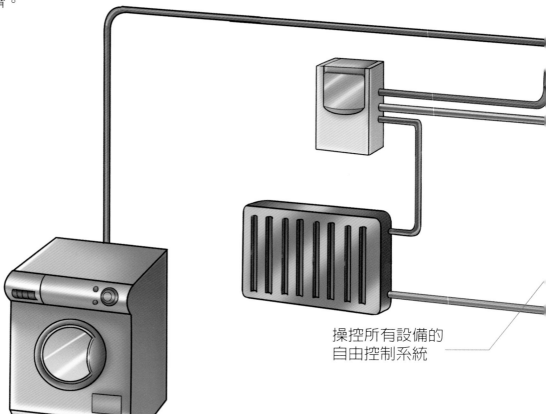

操控所有設備的
自由控制系統

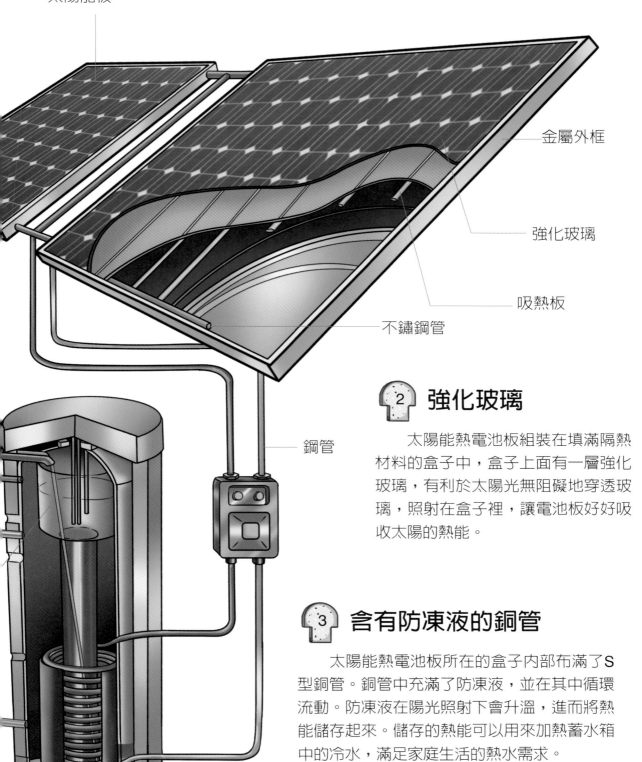

安裝在房頂的
太陽能板

金屬外框

強化玻璃

吸熱板

不鏽鋼管

鋼管

2 強化玻璃

　　太陽能熱電池板組裝在填滿隔熱
材料的盒子中，盒子上面有一層強化
玻璃，有利於太陽光無阻礙地穿透玻
璃，照射在盒子裡，讓電池板好好吸
收太陽的熱能。

3 含有防凍液的銅管

　　太陽能熱電池板所在的盒子內部布滿了S
型銅管。銅管中充滿了防凍液，並在其中循環
流動。防凍液在陽光照射下會升溫，進而將熱
能儲存起來。儲存的熱能可以用來加熱蓄水箱
中的冷水，滿足家庭生活的熱水需求。

孩子的心中總是有著各式各樣的疑問，
這些問題，常讓您不知如何回答嗎？
別擔心，現在就讓**小小科學家**
來幫您解答吧！

小小科學家 1
神奇的人體

書號：3DH3
ISBN：978-986-121-943-1

小小科學家 2
頑皮的空氣

書號：3DH4
ISBN：978-986-121-947-9

小小科學家 3
歡悅的聲音

書號：3DH5
ISBN：978-986-121-963-9

小小科學家 4
千奇百怪的力

書號：3DH6
ISBN：978-986-121-962-2

國立台北教育大學附設實驗國民小學
陳美卿、張淑惠老師 🍎 審定、推薦

每套原價960元
特價880元

《小小科學家》這套書可幫助你提高手腦並用的能
力，以圖文並茂的方式講述科學小故事，各式各樣
的生活科學知識，動手解決問題，培養學以致用的
態度與精神，一同探索科學的奧祕，分享學習科學
的無限樂趣。

五南文化事業機構
WU-NAN CULTURE ENTERPRISE

伴熊逐夢－
台灣黑熊與我的故事
作者：楊吉宗　繪者：潘守誠
ISBN：978-957-11-7660-4
書號：5A81
定價：300元

毒家報導－
揭露新聞中與生活有關的化學常識
作者：高憲明
ISBN：978-957-11-8218-6
書號：5BF7
定價：380元

棒球物理大聯盟：
王建民也要會的物理學
作者：李中傑
ISBN：978-957-11-8793-8
書號：5A94
定價：400元

基改食品免驚啦！
作者：林基興
ISBN：978-957-11-8206-3
書號：5P21
定價：400元

3D列印決勝未來（附光碟）
作者：蘇英嘉
ISBN：978-957-11-7655-0
書號：5A97
定價：500元

你沒看過的數學
作者：吳作樂、吳秉翰
ISBN：978-957-11-8698-6
書號：5Q38
定價：400元

核能關鍵報告
作者：陳發林
ISBN：978-957-11-7760-1
書號：5A98
定價：280元

看見台灣里山
作者：劉淑惠
ISBN：978-957-11-8488-3
書號：5T19
定價：480元

當快樂腳不再快樂－
認識全球暖化
作者：汪中和
ISBN：978-957-11-6701-5
書號：5BF6
定價：240元

工程業的宏觀與微觀
作者：胡儒華
ISBN：978-957-11-8847-8
書號：5T24
定價：480元

國家圖書館出版品預行編目資料

科技大透視.2：生活中的變形金剛／紙上魔方
編繪. -- 二版. -- 臺北市：五南，2020.08
　面；　公分
ISBN 978-986-522-105-8（平裝）

1.科學技術　2.通俗作品

400　　　　　　　　　109009140

ZC02

科技大透視2：生活中的變形金剛

編　　繪 ─ 紙上魔方

發 行 人 ─ 楊榮川

總 經 理 ─ 楊士清

總 編 輯 ─ 楊秀麗

主　　編 ─ 王正華

責任編輯 ─ 金明芬

封面設計 ─ 王麗娟

出 版 者 ─ 五南圖書出版股份有限公司

地　　址：106台北市大安區和平東路二段339號4樓

電　　話：(02)2705-5066　　傳　　真：(02)2706-6100

網　　址：http://www.wunan.com.tw

電子郵件：wunan@wunan.com.tw

劃撥帳號：01068953

戶　　名：五南圖書出版股份有限公司

法律顧問　林勝安律師事務所　林勝安律師

出版日期　2017年3月初版一刷
　　　　　2020年8月二版一刷

定　　價　新臺幣180元

經典永恆・名著常在

五十週年的獻禮——經典名著文庫

五南，五十年了，半個世紀，人生旅程的一大半，走過來了。

思索著，邁向百年的未來歷程，能為知識界、文化學術界作些什麼？

在速食文化的生態下，有什麼值得讓人雋永品味的？

歷代經典・當今名著，經過時間的洗禮，千錘百鍊，流傳至今，光芒耀人；

不僅使我們能領悟前人的智慧，同時也增深加廣我們思考的深度與視野。

我們決心投入巨資，有計畫的系統梳選，成立「經典名著文庫」，

希望收入古今中外思想性的、充滿睿智與獨見的經典、名著。

這是一項理想性的、永續性的巨大出版工程。

不在意讀者的眾寡，只考慮它的學術價值，力求完整展現先哲思想的軌跡；

為知識界開啟一片智慧之窗，營造一座百花綻放的世界文明公園，

任君遨遊、取菁吸蜜、嘉惠學子！